U0245977

优秀技术工人
百工百法丛书

王跃
工作法

滴定分析的判断与控制

中华全国总工会 组织编写

王 跃 著

中国工人出版社

技术工人队伍是支撑中国制造、中国创造的重要力量。我国工人阶级和广大劳动群众要大力弘扬劳模精神、劳动精神、工匠精神，适应当今世界科技革命和产业变革的需要，勤学苦练、深入钻研，勇于创新、敢为人先，不断提高技术技能水平，为推动高质量发展、实施制造强国战略、全面建设社会主义现代化国家贡献智慧和力量。

——习近平致首届大国工匠创新交流大会的贺信

优秀技术工人百工百法丛书

编委会

优秀技术工人百工百法丛书

能源化学地质卷

编委会

序

党的二十大擘画了全面建设社会主义现代化国家、全面推进中华民族伟大复兴的宏伟蓝图。要把宏伟蓝图变成美好现实，根本上要靠包括工人阶级在内的全体人民的劳动、创造、奉献，高质量发展更离不开一支高素质的技术工人队伍。

党中央高度重视弘扬工匠精神和培养大国工匠。习近平总书记专门致信祝贺首届大国工匠创新交流大会，特别强调“技术工人队伍是支撑中国制造、中国创造的重要力量”，要求工人阶级和广大劳动群众要“适应当今世界科技革命和产业变革的需要，勤学苦练、深入钻研，勇于创新、敢为人先，不断提高技术技能水平”。这些亲切关怀和殷殷厚望，激励鼓舞着亿万职工群众弘扬劳模精神、劳动精神、工匠精神，奋进新征程、建功新时代。

近年来，全国各级工会认真学习贯彻习近平总书记关于工人阶级和工会工作的重要论述，特别是关于产业工人队伍建设改革的重要指示和致首届大国工匠创新交流大会贺信的精神，进一步加大工匠技能人才的培养选树力度，叫响做实大国工匠品牌，不断提高广大职工的技术技能水平。以大国工匠为代表的一大批杰出技术工人，聚焦重大战略、重大工程、重大项目、重点产业，通过生产实践和技术创新活动，总结出先进的技能技法，产生了巨大的经济效益和社会效益。

深化群众性技术创新活动，开展先进操作

法总结、命名和推广，是《新时期产业工人队伍建设改革方案》的主要举措。为落实全国总工会党组书记处的指示和要求，中国工人出版社和各全国产业工会、地方工会合作，精心推出“优秀技术工人百工百法丛书”，在全国范围内总结 100 种以工匠命名的解决生产一线现场问题的先进工作法，同时运用现代信息技术手段，同步生产视频课程、线上题库、工匠专区、元宇宙工匠创新工作室等数字知识产品。这是尊重技术工人首创精神的重要体现，是工会提高职工技能素质和创新能力的有力做法，必将带动各级工会先进操作法总结、命名和推广工作形成热潮。

此次入选“优秀技术工人百工百法丛书”作者群体的工匠人才，都是全国各行各业的杰出技术工人代表。他们总结自己的技能、技法和创新方法，著书立说、宣传推广，能让更多人看到技术工人创造的经济社会价值，带动更多产业工人积极提高自身技术技能水平，更好地助力高质量发展。中小微企业对工匠人才的孵化培育能力要弱于大型企业，对技术技能的渴求更为迫切。优秀技术工人工作法的出版，以及相关数字衍生知识服务产品的推广，将对中小微企业的技术进步与快速发展起到推动作用。

当前，产业转型正日趋加快，广大职工对于技术技能水平提升的需求日益迫切。为职工群众创造更多学习最新技术技能的机会和条件，传播普及高效解决生产一线现场问题的工法、技法和创新方法，充分发挥工匠人才的“传帮带”作用，工会组织责无旁贷。希望各地工会能够总结命名推广更多大国工匠和优秀技术工人的先进工作法，培养更多适应经济结构优化和产业转型升级需求的高技能人才，为加快建设一支知识型、技术型、创新型劳动者大军发挥重要作用。

中华全国总工会兼职副主席、大国工匠

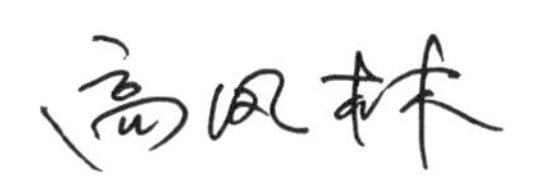

作者简介
About The Author

王跃

1990年出生，国能榆林化工有限公司技术质量部分析工程师，主要从事煤化工化验室分析检测工作，中央（在京）企业党代表，陕西省第十七届运动会火炬手，榆林市青年联合会委员，国家能源集团首席师。

曾获“全国技术能手”“陕西省五一劳动奖章”“全国石油和化工行业技术能手”“国家能源

集团首届十大杰出青年”“国家能源集团巾帼建功标兵”“国家能源集团工匠”等荣誉和称号。

王跃发明的移位法测定材料应变的方法，解决了困扰聚烯烃产品力学性能测定的难题；发明的“观色辨数法”，将滴定分析的滴定体积细化至 1/8 滴，改变了未知样品分析精密度低、分析速度慢的局面；对聚烯烃产品进行质量追踪分析，得到了不同牌号产品的力学、耐热性能等变化情况，为材料下游应用提供了指导；主创的“利用阳离子色谱分析测定污水和废水中氨氮”，填补了国内用离子色谱测定氨氮的技术空白；她长期致力于分析技术及仪器的改造与应用，进一步扭转了精密分析仪器长期依赖国外技术的局面。发表论文 7 篇，申请专利 11 项，成功培养 100 余名分析检验人才。其中，1 人获得“全国技术能手”称号、5 人获得“行业技术能手”称号，有力地推动了煤化工产业向高端化、多元化、低碳化发展。

脚踏实地　　拼搏奋进

为煤化工产业高质量发展贡献力量

王跃

目　录
Contents

引　　言
Introduction

本工作法为滴定分析的判断与控制，具体可以分为观色辨数 1 滴法、观色辨数 1/2 滴法、观色辨数 1/4 滴法、观色辨数 1/8 滴法。该工作法主要通过对滴定分析临近滴定终点颜色进行判断，辨别出需要滴加滴定剂的量，控制具体滴加量为 1 滴、1/2 滴、1/4 滴、1/8 滴。该工作法创新提出 1/4 滴、1/8 滴的操作方法，能够有效提升滴定分析的精密度和准确度，提升滴定分析的分析速度。针对化工厂自身运行特点，利用该操作法代替自动电位滴定法，年节约经济成本约为 88.91 万元。

该工作法在煤化工企业化验室得到了广泛应用，培养了一批技术过硬的化验员。滴定分析操作是分析检验人员必须掌握的技能，在各类化学检验员赛事中为必考项。通过掌握观色辨数 1 滴法、1/2 滴法、1/4 滴法、1/8 滴法，化验员滴定分析操作的速度、精密度、准确度均有所提高，在比赛中发挥出了良好的水平。近几年来，公司化验员两次在国家级赛项中夺魁，团队中 2 人获得“全国技术能手”、6 人获得“行业技术能手”、多人获得“榆能工匠”称号。

该工作法能有效提高分析数据报出的及时性，能够及时准确监测水质变化，对生产异常情况及时调整提供有效依据，避免由于水质波动影响生产装置的负荷，同时为污水回收利用、节能减排提供有力的保障。

第一讲

滴定分析操作

一、滴定管的操作

滴定管是滴定分析法所用的主要量器，滴定时可准确放出一定体积的滴定剂，属于量出式玻璃仪器，用字符“Ex”表示。滴定管按用途的不同可分为三种，如表 1 所示。在煤化工企业化验室日常分析过程中，使用较多的为聚四氟乙烯滴定管（见图 3）。

表 1　滴定管分类

种类	酸式滴定管	碱式滴定管	聚四氟乙烯滴定管
用途	用来装酸性、中性及氧化性溶液，但不适宜装碱性溶液，主要是因为碱性溶液能腐蚀玻璃的磨口和活塞	可用来装碱性及无氧化性溶液，能与橡胶起反应的溶液如高锰酸钾、碘和硝酸银等，都不能加入碱式滴定管	可以耐酸、碱

酸式滴定管、碱式滴定管及聚四氟乙烯滴定管构造分别如图 1、图 2、图 3 所示。

滴定管在使用之前要进行检漏操作。由于酸式滴定管和碱式滴定管的结构不同，检测是否漏

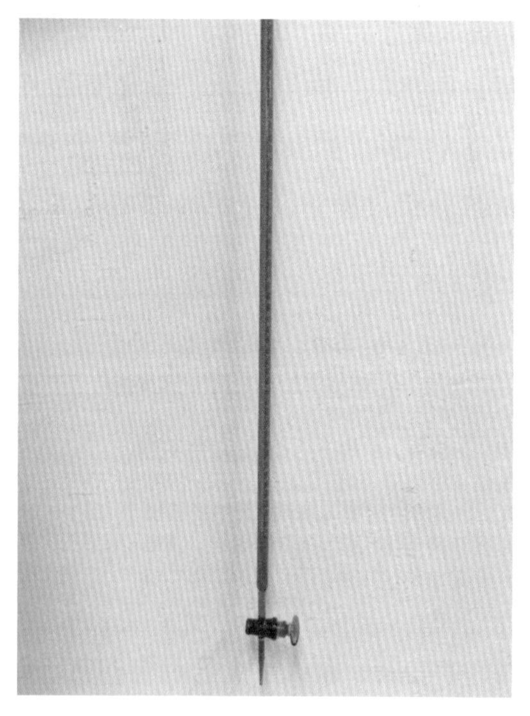

图 1　酸式滴定管

图 2　碱式滴定管

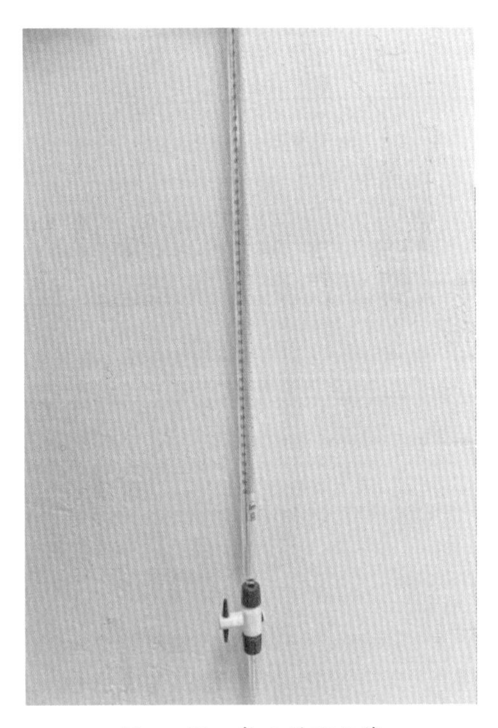

图 3　聚四氟乙烯滴定管

液时也要采用不同的方式。

对于酸式滴定管的检漏操作：首先，关闭旋塞，装入蒸馏水至“0”刻度线以上。其次，把滴定管直立夹在滴定管架上，静置约 2 min，仔细观察有无水滴滴下，用滤纸检查活塞两端和管夹是否有水渗出。将旋塞转 180°，再直立 2 min，观察有无水滴滴下，并再次用滤纸检查是否有水渗出。若两次均无水滴滴下且滤纸检查无渗出，说明滴定管状态良好，无须特殊处理，即可使用。聚四氟乙烯滴定管检漏方法与酸式滴定管检漏方法基本相同。

对于碱式滴定管的检漏操作：需在滴定管装入蒸馏水至“0”刻度线以上，将滴定管直立夹在滴定管架上 2 min，仔细观察刻度线上的液面是否下降，滴定管下端的尖嘴上有无水滴滴下。

在对滴定管进行检漏后，如果出现漏液情况，应对其进行修复。对于酸式滴定管常用凡士林对接口处进行涂抹，但是凡士林不应涂太多，否则会堵塞小孔；旋动旋塞时应有一定的向旋塞小头方向挤的力，以免来回移动旋塞，使塞孔受堵。涂抹凡士林后，保持活塞小孔与滴定管平行的方向，将活塞放入活塞套中，然后向同一个方向旋转活塞柄，直到活塞和活塞槽上的油膜均匀透明、没有纹络为止。涂凡士林要遵循“少、薄、匀”的原则。对于聚四氟乙烯滴定管漏液，可以通过调整螺母的松紧度，保证滴定管的密封性。对于碱式滴定管漏液的修复，需要更换底部橡胶管，也可以选择大小合适的玻璃珠。

滴定管在使用前必须洗净。当没有明显污染时，可以直接用自来水冲洗。如果其内壁沾有油脂性污物，则可用肥皂液、合成洗涤液或碳酸钠溶液润洗，必要时把洗涤液先加热，并浸泡一段时间。无论用肥皂液、洗涤液等都需要用自来水充分洗涤，然后用蒸馏水淌洗 2~3 次，每次用

5~10mL 蒸馏水。

装入标准溶液之前，先将试剂瓶中的标准溶液摇匀。然后，左手三指拿住滴定管上部无刻度处，滴定管可以稍微倾斜以便接受溶液，右手拿住试剂瓶往滴定管中倒溶液。小瓶可以手握瓶肚（瓶签向手心），拿起来慢慢倒入；大瓶可以放在桌上，手拿瓶颈使瓶倾斜，让溶液慢慢倾入滴定管中，直到溶液液面升至零刻度以上为止。注意装液时，绝不能借助于其他仪器（如滴管、漏斗、烧杯等）进行，一定要用试剂瓶直接装入。如果标准溶液在容量瓶中，则由容量瓶直接装入。

排除滴定管下端的气泡。将标准溶液加入滴定管后，应检查活塞下端或橡胶管内有无气泡。如有气泡，对于酸式滴定管，右手拿酸式滴定管上部无刻度处，并将滴定管倾斜约 30°，左手迅速转动活塞，使溶液急速流出，以排除空气泡。如气泡仍未排除，可重复操作；如仍未能将液体充满出口管，则可能是因为出口管未洗干净，必须重新洗涤。

对于碱式滴定管，先将滴定管倾斜，再将橡胶管向上弯曲，并使滴定管嘴向上，然后捏挤玻璃珠上部，让溶液从尖嘴处喷出，使气泡随之排出，如图 4 所示。这里需要注意的是，应一边挤捏橡胶管，另一边将乳胶管放直，待乳胶管放直后，才能松开手指，否则尖嘴管内仍可能会有气泡。橡胶管内气泡是否排出橡胶管可对光照着检查一下。排除气泡后，调节弯液面与 0.00mL 刻度相切，或与 0.00 刻度以下某一刻度线相切，并记下初读数，一般来说，应调节液面在 0.00mL 刻度。

滴定管的读数：手拿滴定管上端无溶液处，使滴定管自然下垂，并将滴定管下端悬挂的液滴除去。这里需要注意用滤纸擦拭掉滴定管尖侧壁的液体，不能触及滴定管尖底部。注入或放出溶

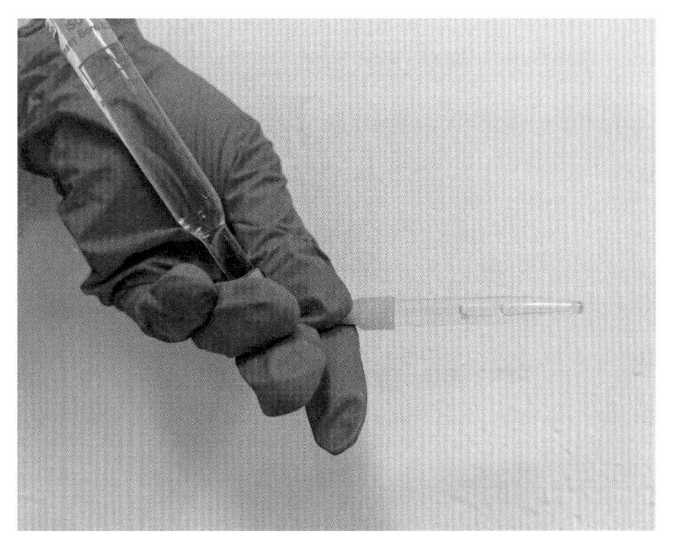

图 4　碱式滴定管排气泡

液时，应静置 1~2min 后再读数，读数时滴定管应竖直放置。一般来说，初读数最好为 0.00mL，眼睛与弯液面切线在同一水平面上进行读数，要求读准至小数点后两位，读数方法如下。

普通滴定管装无色溶液或浅色溶液时，读取弯月面下缘最低点处；当溶液颜色太深，无法观察下缘时，应从液面最上缘读数。读取时，视线和弯液面切线应在同一水平面上，如图 5 所示。视线偏低会造成读数偏小，视线偏高会造成读数偏大，影响测定准确度。读数时最好使刻度朝向光亮处。滴定管的读数是自上而下的，应该读到小数点后第二位（即要求估计到 ±0.01mL）。在装好标准溶液或放出标准溶液后，都必须等 1~2min，使溶液完全从器壁上流下后再读数。深色溶液的读数如图 6 所示，蓝带滴定管读数如图 7 所示。

为了便于读数，可采用读数卡，如图 8 所示，

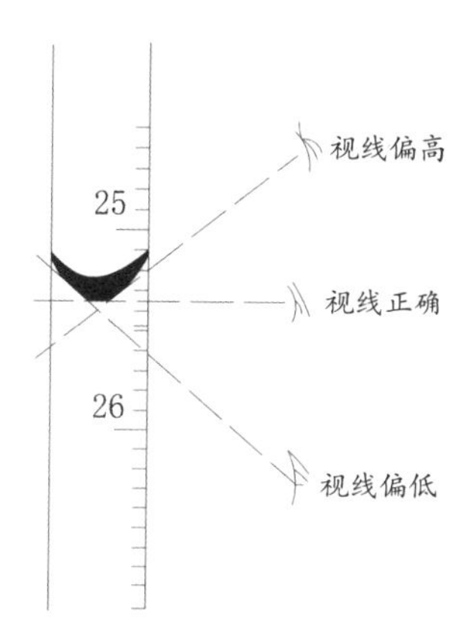

图5　普通滴定管读数

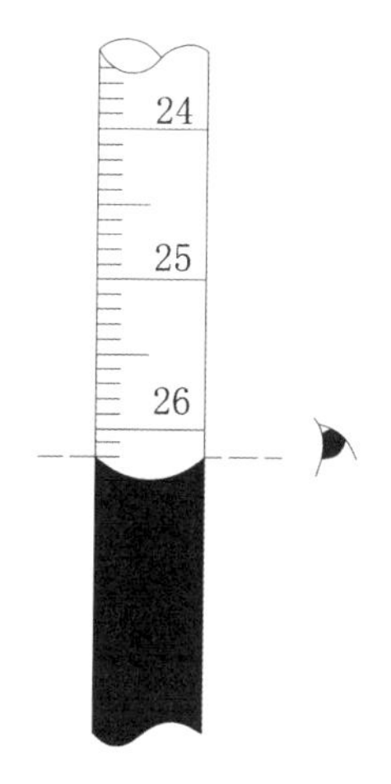

图6　深色溶液读数

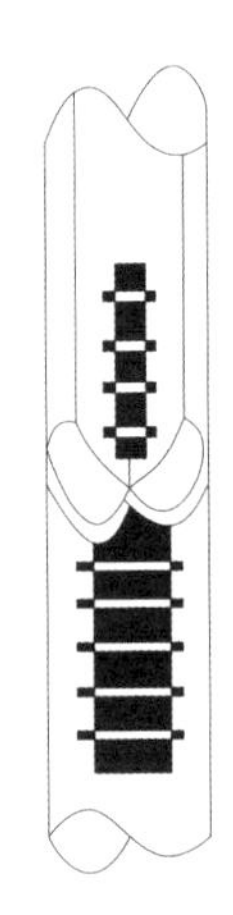

图 7　蓝带滴定管读数

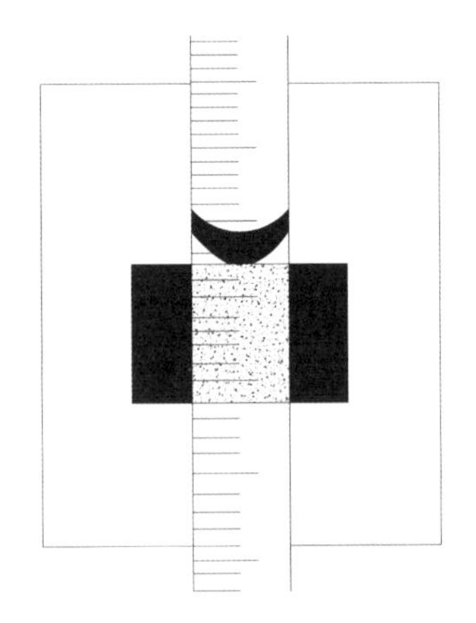

图 8　读数卡读数

读数卡是用涂有黑色的长方形（约 3cm × 1.5cm）的白纸制成的。读数卡放在滴定管背后，使黑色部分在弯月面下约 1mm 处，即可看到弯月面的反射层成为黑色，然后读此黑色弯月面下缘的最低点。当溶液颜色深而读取最上缘时，则可以用白纸作为读数卡。

使用酸式滴定管滴定时，将滴定管夹在滴定架右侧，活塞柄向右，左手食指和中指由滴定管后侧向右伸出，拇指在滴定管前侧向右伸出，三个手指轻拿住活塞，控制活塞旋转。注意手心不要顶住活塞，此时不要向外用力，以免推出活塞造成漏液。右手持锥形瓶，使瓶底向同一方向做圆周运动，如图 9 所示。

使用碱式滴定管时，左手拇指在前，食指在后，握住橡胶管中的玻璃珠所在部位稍上处，向外侧捏挤橡胶管，使橡胶管和玻璃珠间形成一条缝隙，溶液即可流出。但注意不能捏挤玻璃珠下

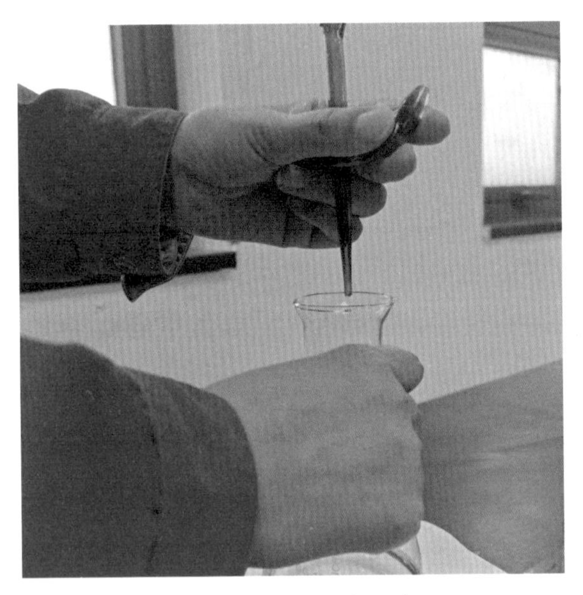

图 9 酸式滴定管操作

方的橡胶管，也不可使玻璃珠上下移动，否则会造成空气进入形成气泡，如图 10 所示。使用聚四氟乙烯滴定管，操作方式如图 11 所示。

用右手的拇指、食指和中指拿住锥形瓶，其余两指辅助在下侧，使瓶底离滴定台高 2~3cm，滴定管下端深入瓶口内约 1cm。左手控制滴定速度，边滴加溶液，边用右手在水平方向摇动锥形瓶。滴定操作也可在烧杯内进行，如图 12 所示，右手执玻璃棒搅拌烧杯中溶液。

滴定时，最好每次都从 0.00 mL 开始。滴定时，左手不能离开旋塞，不能任溶液自流。摇动锥形瓶时，应转动腕关节，使溶液向同一方向旋转（左旋、右旋均可），不能前后振动，以免溶液溅出。摇动还要有一定的速度，使溶液旋转出现一个旋涡，不能摇得太慢，影响化学反应的进行。滴定时，要注意观察滴落点周围颜色的变化，不要去看滴定管上的刻度变化。

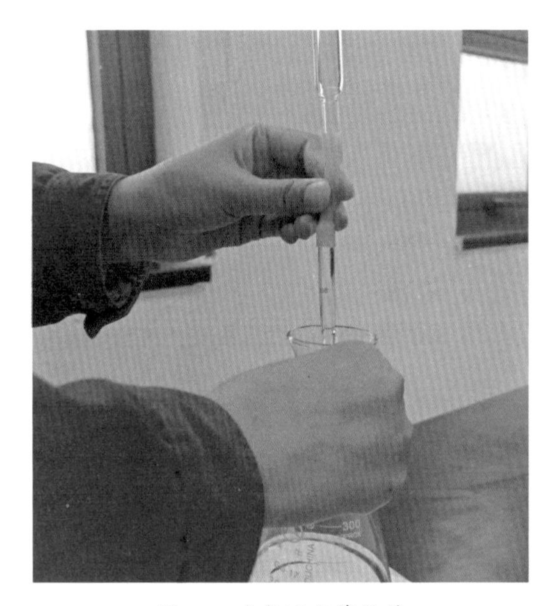

图 10 碱式滴定管操作

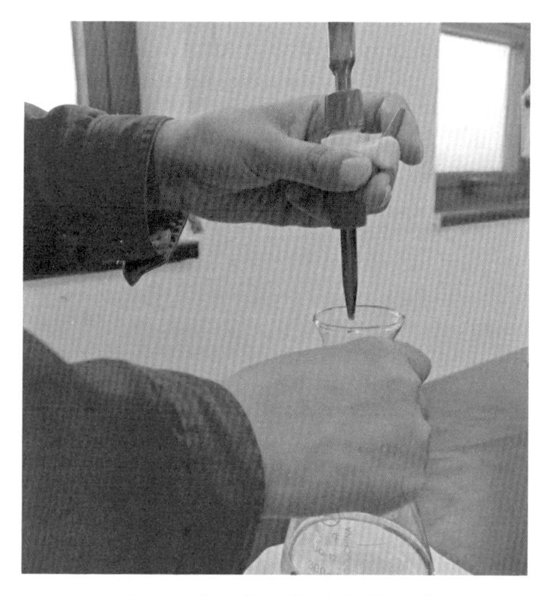

图 11　聚四氟乙烯滴定管操作

图 12 在烧杯中的滴定操作

在滴定速度控制方面：开始时可稍快，呈“见滴成线”，这时滴加速度约为 10mL/min，即每秒 3~4 滴。注意不能滴成“水线”，这样滴定速度过快。接近终点时，应改为 1 滴 1 滴地加入，每滴加 1 滴溶液，均须摇匀观察颜色变化后，再滴入下一滴。之后是每加半滴便须摇匀观察，直至溶液出现明显的颜色变化。最后半滴悬而不落，沿器壁流入瓶内，并用蒸馏水冲洗瓶颈内壁，再充分摇匀。

半滴的控制和吹洗：用酸式滴定管时，可轻轻转动旋塞，使溶液悬挂在出口管嘴上，形成半滴，用锥形瓶内壁将其沾落，再用洗瓶吹洗。对于碱式滴定管，加上半滴溶液时，应先松开拇指和食指，将悬挂的半滴溶液沾在锥形瓶内壁上，再放开无名指和小指，这样可避免出口管尖出现气泡。滴入半滴溶液时，也可采用倾斜锥形瓶的方法，将附于壁上的溶液涮至瓶中，这样可以避免吹洗次数太多，造成被滴物过度稀释。

滴定管校准的基本方法：将待校准的滴定管充分洗净，装入蒸馏水至刻度零处，记录水的温度，然后由滴定管放出 10mL 水至预先称过质量的具塞瓶中，盖上瓶塞，再称出它的质量（精确到 0.01g)，两次质量之差即为放出水的质量。用同样的方法称出滴定管从 0 到 20mL，0 到 30mL，0 到 40mL，0 到 50mL 刻度间水的质量，再用实验温度水的密度来除每次得到水的质量，即可得到相当于滴定管各部分容积的实际体积。

例如，在 15℃由滴定管中放出 10.03mL 水，其质量为 10.04g，又测算出水的实际体积为：10.04g（0.99793g/mL）=10.06mL，故滴定管这段容积的误差为 10.06mL-10.03mL=+0.03mL。使用滴定管时应将容量视为 10.03 mL 加上校正值 +0.03mL，才等于真实容量 10.03mL+0.03mL=10.06mL。不同温度下纯水的密度是有差异的，且随温度升高，质量逐渐下降，如表 2 所示。

表 2　在不同温度下纯水的密度

温度 / ℃	密度 / (g/mL)	温度 / ℃	密度 / (g/mL)
10	0.99839	22	0.99680
11	0.99832	23	0.99660
12	0.99823	24	0.99638
13	0.99814	25	0.99617
14	0.99804	26	0.99593
15	0.99793	27	0.99569
16	0.99780	28	0.99544
17	0.99765	30	0.99491
18	0.99751	31	0.99464
19	0.99734	32	0.99434
20	0.99718	33	0.99406
21	0.99700	34	0.99375

以 50mL 滴定管为例，每隔 10mL 测定一个滴定管的校准值，如表 3 所示。

表 3 滴定管（50mL）校正实例

滴定管待校正体积 /mL	标称体积读数 $V_{标称}$/mL	水的质量 $m_{水}$/g	实际体积 V_{20}/mL	校准值 ΔV/mL
0~10	10.10	10.0812	10.12	+0.02
0~20	20.07	19.9906	20.07	0.00
0~30	30.14	30.0712	30.19	+0.05
0~40	40.17	40.0433	40.20	+0.03
0~50	49.96	49.8223	50.01	+0.05

水温 25℃ 水的密度 0.99617g/mL

以滴定管的标称体积为横坐标，相应的校准值为纵坐标，绘制校准曲线，如图 13 所示。在具体应用过程中，根据滴定量的多少，在曲线上查找相应的校正值。

在滴定分析中，还涉及移液管、容量瓶的操作，因与滴定管操作相似，这里不再赘述。

二、滴定分析特征

滴定分析法是将一种标准溶液滴加到被测物

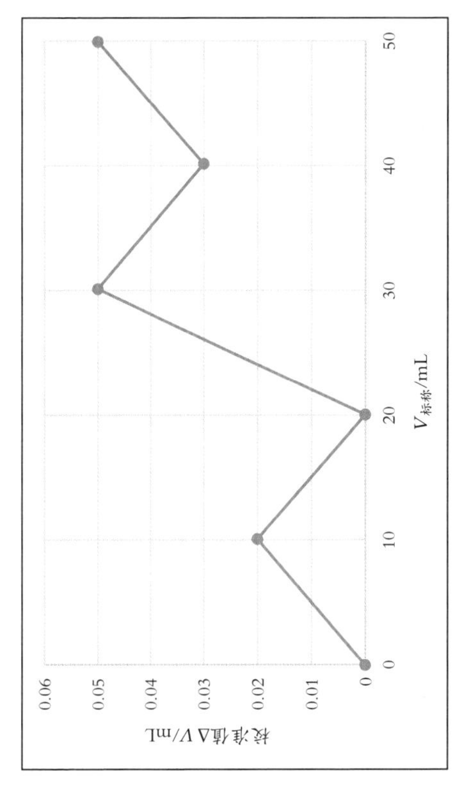

图 13　校准曲线

质的溶液中，直到所加试剂与被测物质按化学计量关系定量反应完全为止，然后根据所加标准溶液与被测物质的浓度和体积，计算出被测物质的含量的分析方法。

当加入的滴定剂的物质的量与被滴定物质的物质的量之间正好符合化学反应式所表示的计量关系时，称反应到达了化学计量点。在滴定分析时，滴定至指示剂的颜色改变的点称为滴定终点。

在化学计量点前后 ±0.1% 的范围内，溶液浓度及其相关参数发生的急剧变化称为滴定突跃。滴定突跃是选择指示剂的依据，它反映了滴定反应的完全程度。滴定终点误差（TE）是由于指示剂的变色不恰好在化学计量点，而使滴定终点与化学计量点不相符合而产生的相对误差。

常见的四大滴定方式包括：①直接滴定，用标准溶液直接滴定被测物质溶液的方法；②返滴定，当溶液中被测物质与滴定剂反应速度很慢，或者被测物质是不溶性固体试样时，滴定剂加入后反应不能立即完成，或者无合适的指示剂时，可先准确加入过量的标准溶液，使之与试液中的被测物质或固体试样进行反应，待反应完成后，再用另一种标准溶液滴定剩余的标准溶液；③置换滴定，在滴定反应无确定的计量关系和伴有副反应时，用适当的试剂与被测组分反应，使其定量地置换为另一种物质，而这种物质可用适当的标准溶液滴定；④间接滴定，不能与滴定剂直接反应的物质，可以通过另外的化学反应间接进行滴定。

适合滴定分析的化学反应应该具备以下几个条件：

（1）反应必须按方程式定量地完成，通常要求在 99.9% 以上，这是定量计算的基础。

（2）反应能够迅速地完成，有时可加热或用催化剂来加速反应。

（3）共存物质不干扰主要反应，或可用适当的方法消除其干扰。

（4）有比较简便的方法确定计量点，即有指示剂指示滴定终点或反应体系的某一物理性质产生的突变可以被测量到。

滴定曲线横坐标是加入滴定剂的体积（或滴定百分数），纵坐标是与溶液组分浓度相关的某种参数，如图 14 所示。滴定曲线有几个显著特点：

（1）曲线的起点决定于被滴定物质的性质或浓度，一般被滴定物质的浓度越高，滴定曲线的起点越低。

（2）滴定开始时，加入滴定剂引起的被测溶液浓度及其相关参数变化比较平缓，其变化的速度与被滴定物质的性质或滴定反应平衡常数的大小有关。

（3）至化学计量点附近，被测溶液的浓度及

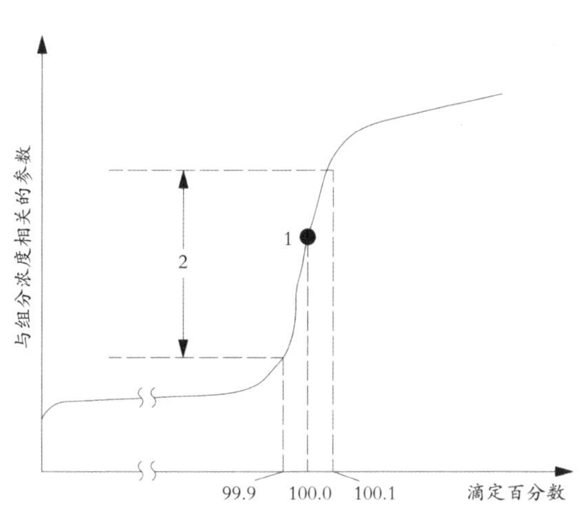

图 14　滴定曲线特征图

其参数将发生突变，曲线变得陡直。

（4）化学计量点后，曲线由陡直趋于平缓，其变化趋势主要决定于滴定剂的浓度。

三、滴定分析指示剂的选择

在滴定过程中达到化学计量点时，滴定剂由不足 99.9% 到过量 0.1% 之间 pH 值的变化范围，即滴定突跃，是选择指示剂的重要依据。

1. 酸碱指示剂变色范围

（1）指示剂的理论变色点

当指示剂两种型体浓度相等时，即 [In]=[XIn]，溶液呈现指示剂的中间过渡色，这一点称为指示剂的理论变色点。

（2）指示剂的变色范围

指示剂由一种型体颜色转变为另一种型体颜色的溶液参数变化范围。通常认为两种型体浓度比在 0.1~10 时的溶液参数变化范围是指示剂的变色范围。

2. 选择指示剂的一般原则

（1）使指示剂的变色点尽可能接近化学计量点；

（2）使指示剂的变色范围全部或部分落在滴定突跃范围内。

酸碱指示剂的颜色随溶液 pH 值的改变而变化，其变色范围越窄越好。在化学计量点附近，pH 值稍有改变，指示剂立即由一种颜色变为另一种颜色，则此指示剂变色敏锐。常用的酸碱指示剂见表 4。

表 4　常用的酸碱指示剂

指示剂	变色范围（pH 值）	颜色		$pk_{H/n}$	配制方法
		酸色	碱色		
百里酚蓝	1.2~2.8	红	黄	1.6	0.1% 百里酚蓝、20% 乙醇溶液
	8.0~9.6	黄	蓝	8.9	
甲基黄	2.9~4.0	红	黄	3.3	0.1% 甲基黄、90% 乙醇溶液
甲基橙	3.1~4.4	红	黄	3.4	0.05% 水溶液

续 表

指示剂	变色范围（pH 值）	颜色		$pk_{H/n}$	配制方法
		酸色	碱色		
溴酚蓝	3.1~4.6	黄	紫	4.1	0.1% 溴酚蓝、20% 乙醇溶液或指示剂钠盐的水溶液
溴甲酚绿	3.8~5.4	黄	蓝	4.9	0.1% 水溶液，每 100mg 指示剂加 0.005mol/L NaOH 3.9mL
甲基红	4.4~6.2	红	黄	5.0	0.1% 甲基红、60% 乙醇溶液或指示剂钠盐的水溶液
溴百里酚蓝	6.0~7.6	黄	蓝	7.3	0.1% 溴百里酚蓝、20% 乙醇溶液，或指示剂钠盐的水溶液
中性红	6.8~8.0	红	黄橙	7.4	0.1% 中性红、60% 乙醇溶液
酚红	6.7~8.4	黄	红	8.0	0.1% 酚红、60% 乙醇溶液或指示剂钠盐的水溶液
酚酞	8.0~9.6	无	红	9.1	0.1% 酚酞、90% 乙醇溶液
百里酚酞	9.4~10.6	无	蓝	10.0	0.1% 百里酚酞、90% 乙醇溶液

3. 影响指示剂变色范围的因素

（1）温度：温度改变，指示剂的变色范围也随之改变。例如，18℃时，甲基橙的变色范围为3.1~4.4；100℃时，变色范围则为2.5~3.7。

（2）溶剂：指示剂在不同溶剂中的变色范围不同。

（3）指示剂用量：浓度小时颜色变化灵敏；浓度大时终点颜色变化不敏锐。指示剂用量少一点为佳。

第二讲

滴定分析的判断与控制

滴定分析可以分为四个阶段。

第一阶段：滴定开始前；

第二阶段：滴定开始至化学计量点前；

第三阶段：临近化学计量点时；

第四阶段：达到化学计量点后。

要了解滴定过程被测离子浓度的变化情况。首先，必须弄清滴定各阶段溶液组成的变化情况；其次根据相应组成的计算公式计算。

在滴定分析的滴定速度控制上，第二阶段可以稍快一些，尤其是当待测物质或滴定剂与环境中的氧气、二氧化碳等物质有反应，或存在吸水现象时，原则上滴定速度应控制在可以看见连续的液滴，像虚线一样，但不成股流下，一般控制在 10mL/min，也就是每秒 3~4 滴。注意不能滴成“水线”，否则滴定速度太快。

在第三阶段可以采用逐滴滴加，即 1 滴 1 滴地加入，即加 1 滴摇几下，再加再摇。1 滴的操作为缓慢放置滴定管，使其溶液形成1滴并落下。1滴液体落下后，滴定管尖无待出液体，即为滴加1滴滴定剂的操作。

如果颜色已接近化学计量点，这时可以采用1/2滴滴加，即半滴半滴地加入，每加液一次摇几下锥形瓶，直至溶液出现明显的颜色。1/2滴的操作为缓慢放置滴定管，使其溶液形成1滴悬而未落于滴定管尖，然后倾斜锥形瓶，将附于壁上的溶液涮至瓶中，也可以用洗瓶吹洗，但应该避免吹洗次数太多，造成被滴物过度稀释。

以上两种滴定分析速度的控制，是常规的控制方法。传统终点滴定一般最小滴定单位为1/2滴，但在实际分析过程中，往往会出现样品浓度未知、无法匹配合适浓度的滴定剂。最小滴定体积1/2滴的加入，往往造成过滴定，分析结果误差较大，尤其是样品本身含量较低的情况，同时影响分析样品结果的平行性精密度。因此，迫切地需要解决这一问题。

本工作法，通过观察判断接近滴定终点溶液颜色的状态，将接近滴定终点的滴定体积进一步细化，提出了 1/4 滴工作法、1/8 滴工作法，对于未知样品的分析具有重要的意义，能够有效解决上述问题。下面将结合滴定分析的判断，对滴定反应接近滴定终点的滴定剂速度控制进行讲解。这里的滴定分析的判断，可以理解为对接近滴定终点的溶液颜色的判断，即观察颜色的特征，通过对颜色特征的判断，确定滴定剂的滴加量。我们根据临近滴定终点滴加量的不同，将其总结为观色辨数 1 滴法、观色辨数 1/2 滴法、观色辨数 1/4 滴法、观色辨数 1/8 滴法，下面将对这四种工作法进行介绍。

一、观色辨数 1 滴法

首先，对接近滴定终点的颜色进行判断，观

察颜色特征。我们以酸碱滴定为例，通过颜色的变化，确定接近滴定终点后，再加入的滴定剂的量。如图 15 所示为接近滴定终点的溶液颜色情况，此时溶液颜色稍有变化，判断只需再加入 1 滴，即可达到滴定终点。

图 15　1 滴操作前的溶液颜色

如图 15 所示的颜色，判断需滴加 1 滴滴定剂，缓慢放置滴定管，使其溶液形成 1 滴并落下，并保证滴定管尖无待出液体，即为 1 滴法的操作。如图 16 所示为加入 1 滴操作。如图 17 所示为加入 1 滴滴定剂后的溶液颜色，可以判断出滴定分析已经达到滴定终点。

图 16　1 滴操作图

图 17 滴定终点颜色

二、观色辨数 1/2 滴法

首先，对接近滴定终点的颜色进行判断。如图 18 所示为接近滴定终点的溶液颜色情况，较图 15 所示颜色偏红，判断只需再加入 1/2 滴，即可达到滴定终点。

图 18　1/2 滴操作前的溶液颜色

根据图 18 所示的颜色特征，判断需滴加 1/2 滴滴定剂，缓慢放置滴定管，使其溶液形成 1 滴悬而未落于滴定管尖，然后倾斜锥形瓶，将附于壁上的溶液涮至瓶中，即为 1/2 滴法的操作。如图 19 所示即为加入 1/2 滴操作。图 20 所示为加

图 19　1/2 滴操作图

图 20　滴定终点颜色

入 1/2 滴滴定剂后的溶液颜色，可以判断出滴定分析已经达到滴定终点。

三、观色辨数 1/4 滴法

首先，对接近滴定终点的颜色进行判断，观察颜色特征。如图 21 所示为接近滴定终点的溶液颜色情况，判断只需再加入 1/4 滴，即可达到滴定终点。

图 21　1/4 滴操作前的溶液颜色

根据如图 21 所示的颜色特征，判断需滴加 1/4 滴滴定剂，缓慢放置滴定管，使其溶液包裹滴定管尖或滴至溶液体积大于滴定管尖，然后倾斜锥形瓶，将附于壁上的溶液涮至瓶中，即为 1/4 滴法的操作，如图 22 所示即为加入 1/4 滴滴定剂操作。图 23 为加入 1/4 滴滴定剂后的溶液颜色，可以判断出滴定分析已经达到滴定终点。

图 22　1/4 滴操作图

图 23 滴定终点颜色

四、观色辨数 1/8 滴法

首先，对接近滴定终点的颜色进行判断，观察颜色特征。如图 24 所示为接近滴定终点的溶液颜色情况，判断只需再加入 1/8 滴，即可达到滴定终点。

图 24　1/8 滴操作前的溶液颜色

根据如图 24 所示的颜色特征，判断需滴加 1/8 滴滴定剂，缓慢放置滴定管，滴定管稍有液体溢出即停，然后倾斜锥形瓶，将附于壁上的溶液涮至瓶中，即为 1/8 滴法的操作。如图 25 所示为加入 1/8 滴操作。图 26 为加入 1/8 滴滴定剂后的溶液颜色，可以判断出滴定分析已经达到滴定终点。

图 25　1/8 滴操作图

图 26　滴定终点颜色

第三讲

解决滴定分析精密度和准确度低问题

一、问题描述

在分析检验过程中，在得到实验数据后，我们往往更加关注数据的精密度和准确度。准确度是测量结果与真实值的接近程度。精密度是指多次平行测量的测量值之间的接近程度。精密度越高，则多次平行测量的测量值之间就越接近，通常用标准偏差（SD）或相对标准偏差（RSD）表示。

分析结果与真实结果之间的差值称为误差。按照类型主要分为两类：系统误差和偶然误差。系统误差是由某种确定的原因引起的，一般有固定的方向（正或负）和大小，重复测定可重复出现。根据系统误差的来源，又可区分为方法误差、仪器误差、试剂误差及操作误差等。

方法误差是主要由于分析方法本身的缺陷或不够完善所引起的误差。例如，在滴定分析法中，由于滴定反应进行不完全，或干扰离子的影响，导致终点判断不准确。仪器误差是由于所用仪器本身不够准确或未经校正所引起的误差。例如，滴定管刻度不够准确等。由于试剂不纯或含有杂质引入的误差为试剂误差。操作误差是由于操作人员的习惯而引起的误差。例如，读取滴定管的读数时偏高或偏低。

偶然误差也可以称为随机误差，它是由不确定的原因引起的，可能由于实验时环境的温度、湿度和气压的微小变化以及其他操作条件的微小波动所造成，其方向（正或负）和大小都不固定。

相对标准偏差是一种用于评估滴定分析结果的指标，它表示两个滴定结果之间的偏差，通常用百分比表示。在实际实验中，滴定相对标准偏差的允许范围是一个重要的标准，若超过该范围，则说明实验结果不够可靠。滴定相对标准偏差的允许范围通常设定为小于或等于 2%。如果相对标准偏差小于或等于 2%，则说明实验结果可靠；如果相对标准偏差大于 2%，则说明实验结果不够可靠。

分析样品需要同时确定准确度和精密度，因为只有结合这两个因素才能确保获得正确的结果。只有精密度和准确度都高才能得到正确的结果，精密度高并不一定意味着准确度高，反之亦然，图 27 清晰地说明了精密度和准确度的关系。因此，在滴定分析中，应同时兼顾精密度和准确度。

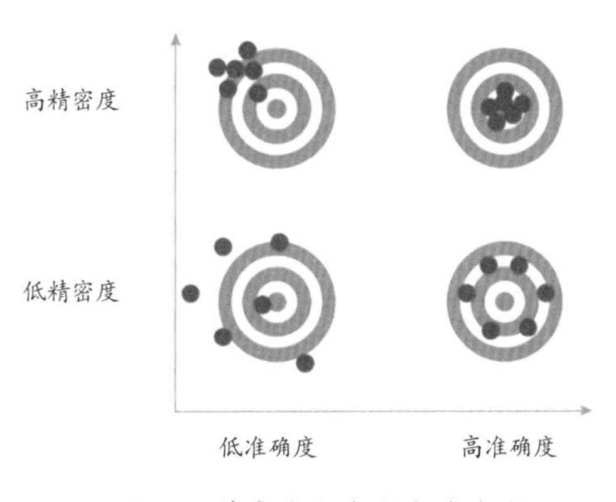

图 27　精密度和准确度关系图

精密度和准确度还受到样品取样、称量、定量稀释等溶液配制过程中的误差影响。

在滴定分析中，只有保证实验结果的可靠性，才能为后续的研究和应用提供准确的数据支持。但是在实际操作过程中，由于滴定分析为纯手工操作，误差相对较大，经常会出现相对标准偏差超过 2% 的情况。这种情况下，需要重新实验，大大降低了分析检验的速度，同时对于滴定分析的准确度影响较大，且阻碍了滴定分析的推广应用。

二、解决措施

在滴定分析中，影响平行性的最主要因素为对滴定终点判断不准确，过滴定或未达到滴定终点都会造成滴定分析结果的误差，进而导致滴定分析平行性差。我们应用滴定分析的判断与控制操作法，可以有效地解决这个问题。

通过观色辨数，观察临近滴定终点的颜色特征，通过对颜色的辨别，确定最后的滴加量。这里对于颜色的辨别，需要分析人员具有一定的工作经验，在日常大量的实践中，不断积累摸索，形成观色辨数的技能。在准确辨别颜色特征后，需要进行 1 滴法、1/2 滴法、1/4 滴法、1/8 滴法操作。1 滴法、1/2 滴法的操作是常规的滴定操作，这里不再赘述，1/4 滴法、1/8 滴法的操作需要按照操作法进行练习。滴定体积细化至 1/8 滴时，相当于 0.006mL。在长期满负荷运行的工厂中，每天需要滴定分析的样品分析量相当大，针对每一种样品，均配制相应浓度的滴定剂是不现实的，往往一种滴定剂要应用到数十种样品浓度的测定上。这对于样品浓度较高的样品影响相对较小；而对于样品自身浓度较小的样品，往往加入 1 滴滴定剂，可能就已经过滴定。因此，采用 1/4 滴法、1/8 滴法操作显得尤为重要，这样分析样品的精密度、准确度也会有所提升。

三、实施效果

1. 精密度实验验证

以《工业循环冷却水中钙、镁离子的测定 EDTA滴定法》（GB/T 15452—2009）为依据，测定水中钙离子。按照精密度测定实验要求，取三种不同浓度的样品，分别用移液管移取50mL，过滤后放于250mL锥形瓶中，同时每种浓度样品做6个平行样，将18个样品分别加入1mL硫酸溶液和5mL过硫酸钾溶液，加热煮沸至近干，取下冷却至室温，向其中分别加入50mL水、3mL三乙醇胺溶液、7mL氢氧化钾溶液和约0.2g钙羧酸指示剂，用EDTA标准滴定液滴定，当溶液颜色由紫红色变为亮蓝色时即为终点。

结果计算：

钙离子含量以质量浓度 ρ_1 计，数值以mg/L

表示，按下式计算：

$$\rho_1=V_1CM_1\ (V\times 1000)$$

式中：V_1——滴定钙离子时，消耗 EDTA 标准滴定溶液的体积，mL；

C——EDTA 标准滴定溶液的准确浓度，moL/L；

V——所取水样的体积，mL；

M_1——钙的摩尔质量，g/moL（M_1=40.08g/moL）。

精密度的结果应报告标准偏差、相对标准偏差，具体实验结果如表 5 所示。

由表 5 可以看出，在 6 次平行试验中，相对标准偏差均小于 2%，说明本方法测定的重复性好、精密度高，能够满足生产的需要。

2. 准确度实验验证

以 GB/T 15452—2009 为依据，测定水中镁离子。利用加标回收率测定方法的准确度，向原

表 5　钙离子精密度实验测定结果

样品	钙离子含量 /（mg/L）						平均值 /（mg/L）	标准偏差	相对标准偏差 /%
	1	2	3	4	5	6			
样品 1	81.76	82.17	81.88	81.84	82.01	81.93	81.93	0.14	0.17
样品 2	20.91	20.99	21.16	21.24	20.83	21.03	21.03	0.15	0.73
样品 3	10.01	9.96	9.88	10.21	10.13	10.05	10.05	0.11	1.17

样品中加入已知量的物质对照品进行测定，计算回收率=（测得量－样品中的量）/ 加入量。本实验中已知样品含量为 75.32mg/L，加入质量浓度为 1000mg/L 的镁离子标准溶液，按照准确度测定实验要求，实验了三组加标试样，在已知试样中分别加入 1mL、2mL、3mL 1000mg/L 镁离子标准溶液。将三种不同质量浓度的样品，分别用移液管移取 50mL，过滤后放于 250mL 锥形瓶中，同时每种质量浓度样品做 3 个平行样，分别加入 1mL 硫酸溶液和 5mL 过硫酸钾溶液，加热煮沸至近干，取下冷却至室温，分别向其中加入 50mL 水、3mL 三乙醇胺溶液。用氢氧化钾溶液调节 pH 近中性，再加 5mL 氨 - 氯化铵缓冲溶液和 3 滴铬黑 T 指示液，用 EDTA 标准滴定液滴定，当溶液颜色由紫红色变为纯蓝色时即为终点。

结果计算：

镁离子含量以质量浓度 ρ_2 计，数值以 mg/L 表示，按下式计算：

$$\rho_2=(V_2-V_1)CM_2(V\times1000)$$

式中：V_1——滴定钙离子时，消耗 EDTA 标准滴定溶液的体积，mL；

V_2——滴定钙、镁合量时，消耗 EDTA 标准滴定溶液的体积，mL；

C——EDTA 标准滴定溶液的准确浓度，moL/L；

V——所取水样的体积，mL；

M_2——镁的摩尔质量，g/moL（M_2=24.31g/moL）。

对于准确度的结果应报告已知加入量的回收率(%)，具体实验结果如表 6 所示。

表 6　镁离子准确度实验测定结果

类别	加标试样 1	加标试样 2	加标试样 3
加入量 /mg	1.00	2.00	3.00
测定值 /（mg/L）	158.95	228.21	288.17
测定值 /（mg/L）	158.79	228.09	288.09
测定值 /（mg/L）	163.16	228.05	287.84
加入后的量 /mg	1.7485	2.7385	3.7462
加入后的量 /mg	1.7467	2.7371	3.7452
加入后的量 /mg	1.7948	2.7366	3.7419
回收量 /mg	1.0101	1.9842	2.9912
回收率 /%	101.01	99.21	99.71

由表 6 可以看出，在三组不同浓度的加标回收率实验中，回收率为 99%~102%，说明本方法测定的准确度好、系统误差小，能够满足生产的需要。

第四讲

解决滴定分析速度问题

一、问题描述

在滴定分析过程中，我们需要控制滴定速度，开始时滴定速度一般较快，以连续液滴但不成实线为标准，这样是为了加快实验过程，缩短实验时间；在临近滴定终点时，为了实验的准确性，需放慢滴定速度。这主要是因为若滴定速度过快，虽然判断到达终点，但由于滴定速度过快，有部分滴定液与溶液未来得及反应，其实这时已经滴过量了，所以根据滴定液计算得到的溶液浓度会比实际值大，同时滴定管壁上的液不能及时流下，也致使最终的读数偏大。

在实际操作中，由于化验员的操作水平限制，在临近滴定终点时操作不熟练，往往不敢滴加滴定剂，而采用半滴半滴地加入，降低了滴定分析的分析速度。对于一些受环境中氧气等氧化、二氧化碳等酸化、光照分解、湿度等影响的滴定分析，传统的滴定控制方法往往造成滴定分析速度较慢，有时还会影响滴定分析的准确度。

在工厂连续化生产过程中，每天需要滴定分析的样品量大，以国能榆林化工 2024 年 2 月 22 日的生产情况为例，需要滴定分析的样品达到 65 个。这些样品往往需要批量采集、批量分析，分析结果能否及时报出直接关系到工艺系统稳定，及水质污染等问题。但传统的滴定分析的效率相对较低，人为操作的分析的精密度和准确度较低，分析结果的平行性达不到 2% 时，需要重复试验，往往更加延长分析时间。

近些年，自动电位滴定仪（见图 28）的应用得到了长足的发展。手工滴定分析中，滴定管的读数、溶液滴加的快慢、摇动瓶子的程度这些手工操作都会影响测定结果，而自动电位滴定仪采用动态滴定，消耗体积、溶液搅拌速度恒定，有效避免了以上现象的出现。但在实际应用中，关于滴定终点的判断，往往在滴定曲线较陡的情况

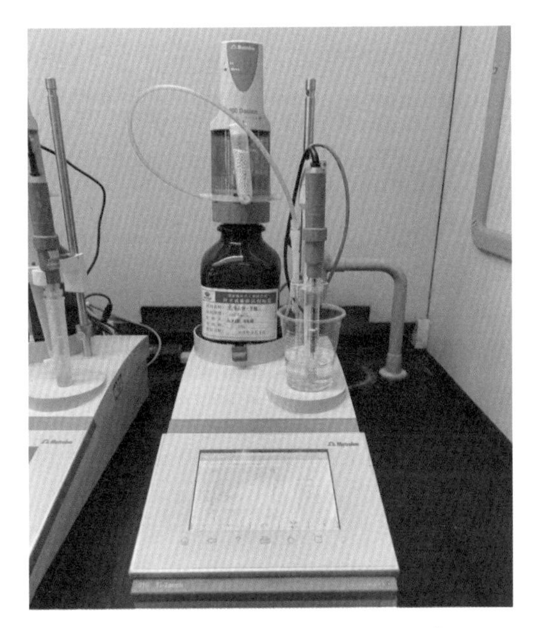

图 28　自动电位滴定仪测定操作

下才有较好的精度，如果滴定曲线较为平缓，由于终点附近溶液的离子强度很弱，电位很不稳定，所以会造成较大的测量误差。系统检测达不到滴定终点，就会一直处于动态平衡状态，这种情况下，单个样品的单次分析往往需要更长的时间。

由于化工厂在连续生产过程中，样品性质经常出现变化，水质中会出现有机杂质，这对于一般自动电位滴定仪的电极具有很大的破坏性，出现电极老化、污染、损坏或接触不良，导致电位信号不稳定或失真，从而影响显示数据的稳定性。

虹吸滴定头是自动电位滴定仪的重要部件，它通过滴定管滴入待测溶液，使其发生化学反应，从而改变溶液的电位。如果滴定液不均匀，有沉淀、气泡或杂质等，就会影响滴入速度和量，从而影响显示数据的稳定性。因此，使用前应摇匀滴定液，排除气泡和杂质，保证滴定头通畅；使用后也要及时清洗、干燥和保存滴定头，避免堵塞或腐蚀。在实际应用中，由于有机物质及环境因素影响，所以往往造成滴定管的虹吸滴定头损坏、丢失，且损坏后不易察觉。滴定头是为了防止滴定剂扩散到样品中去，如果失去滴定头，滴定剂就会流入滴定池中，并和样品反应，而这部分的消耗量是不被计算在内的，因此就可能导致比较大的标准偏差。在化工厂实际应用中，自动电位滴定仪往往不稳定，滴定管、滴液管经常堵塞。由于滴定剂中所溶解的气体如二氧化碳、二氧化硫或氧气，造成滴定管中存在气泡，因此，滴定剂在使用前应有脱气过程，如放置在超声波水浴中。液路出现气泡、数据漂移、显示不稳定，需要耗费大量人力进行维修和保养，这严重限制了滴定分析的效率。

二、解决措施

滴定分析的分析速度，关系到分析数据报出的及时性，直接影响化工厂运行的稳定性。因此，针对化验员的操作水平限制造成的分析效率降低的问题，应通过培训，让其掌握正确的技能操作方法——观色辨数，通过观察不同滴定分析项目的临近滴定终点的颜色特征，确定添加量，不依靠主观感觉来确定滴加量，从而影响分析速度。

化工厂具有连续化生产，待分析样品有数量多、时间相对集中、组分含量差距大的特点，分析速度较慢，复检分析情况较多。采用观色辨数的方法，能够准确锁定临近滴定终点的添加量，在此基础上，对待测样品进行精准滴加，能够有效提升分析速度。同时，应用 1 滴法、1/2 滴法、1/4 滴法、1/8 滴法进行操作，由于滴定体积得到细化，所以能够提升样品分析的精密度，减少重复试验的次数。由于化工生产过程中，样品的组分含量差别较大，又不可能针对每种样品均配制相应浓度的滴定剂，1/4 滴法、1/8 滴法则可以有效地解决这个问题，防止由于滴定体积过大，造成过滴定的出现，从而大大提升滴定分析的分析速度。

三、实施效果

通过观色辨数 1 滴法、1/2 滴法、1/4 滴法、1/8 滴法，能够有效提升分析速度，规避了自动电位滴定仪使用过程中的缺陷，同时还具有降低化验室运营成本的作用。在化工厂连续生产运行中还存在一个特点，即在正常工况情况下，组分含量相对稳定，因此对于滴定分析来说，能够为化验员提供更多的机会，在实践中不断积累摸索出不同试样的颜色特征，更适用于连续生产运行化工厂的批量分析，所以，观色辨数这一操作法在化验室中得到了广泛的应用。

滴定分析在各类化学检验员赛项中为必考项。通过掌握观色辨数 1 滴法、1/2 滴法、1/4 滴法、1/8 滴法，化验员在比赛过程中的分析速度、精密度、准确度均较高，发挥出了良好的水平。近几年来，我们化验室的化验员 2 次在国家级赛项中夺魁，2 人获得“全国技术能手”、6 人获得“行业技术能手”、多人获得“榆能工匠”称号。

第五讲

工作法的控制效果

本创新方法包括两个部分，即观色辨数和滴加操作法，两部分相辅相成。观色辨数是通过日常的经验积累，通过颜色的特征辨别出样品组分含量的多少，再根据颜色特征的不同，分辨出需要滴加的滴定剂的量。滴加操作法，在原有传统滴定分析的1滴法、1/2滴法的基础上，创新提出了1/4滴法和1/8滴法，能够有效提升分析的准确度和精密度，同时分析的速度也显著提高。尤其针对长周期连续运行的化工厂，该创新方法的优势更为明显。

一、创新方法的步骤

第一阶段：滴定开始前，对滴定管进行洗涤、润洗、排气泡、读数等操作。

第二阶段：滴定开始至化学计量点前，控制滴定速度，一般应根据滴定反应的不同，保证滴定速度与化学反应速度相一致即可。

第三阶段：临近化学计量点时，观察溶液颜色的特征，通过颜色的特征，结合取样量的不同，确定需滴加的滴定剂的量。根据滴定剂滴加量的不同，进行1滴法、1/2滴法、1/4滴法、1/8滴法的操作。1滴法操作为缓慢放置滴定管，使其溶液形成1滴并落下，并保证滴定管尖无待出液体。1/2滴法操作为缓慢放置滴定管，使其溶液形成1滴悬而未落于滴定管尖，然后倾斜锥形瓶，将附于壁上的溶液涮至瓶中。1/4滴法操作为缓慢放置滴定管，使其溶液包裹滴定管尖或滴至溶液体积大于滴定管尖，然后倾斜锥形瓶，将附于壁上的溶液涮至瓶中。1/8滴法操作为缓慢放置滴定管，滴定管稍有液体溢出即停，然后倾斜锥形瓶，将附于壁上的溶液涮至瓶中。

第四阶段：达到化学计量点后，停止滴定，记录滴定数据，整理实验器具。

二、创新效果

应用观色辨数 1 滴法、1/2 滴法、1/4 滴法、1/8 滴法，化验室的滴定分析的精密度和准确度得到了明显提升，提高了分析数据报出的及时性，能够及时准确监测水质变化，为生产异常情况的及时调整提供有效依据，避免由于水质波动影响生产装置的负荷，同时为污水回收利用、节能减排提供了有力保障。

在实际工作中，笔者不断拓展观色辨数法的应用范围，应用观色辨数法，在公司急、难、险、重工作中发挥作用。2020 年 12 月，公司发生换热器泄漏事件，化验室紧急响应排查泄漏点，对全厂不同点位的水质进行化学需氧量（COD）测定。由于COD测定需要进行前期消解、降温、分光测定等环节，步骤多、时间长，且化验室不具备近百个样品分析负荷的仪器，如果按照常规分析流程，将所有样品分析完至少需要

6 个小时，可能会造成严重的水污染事故，如图 29 所示。紧急情况下，化验室将全厂不同点位的 COD 样品颜色进行成排比对，予以观色辨数，快速排查出可疑点位，再对可疑点位按照国家标准进行检测，很快锁定了换热器泄漏位置，全过程仅用时 2 小时，防止了安全和环保事故的发生，减少了公司的经济损失。

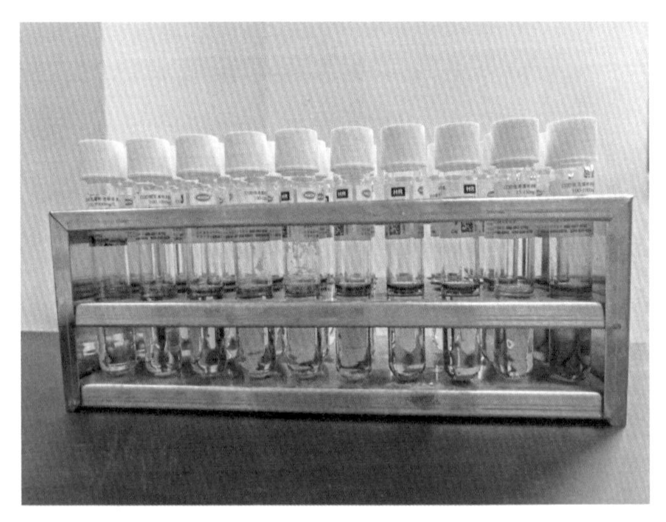

图 29　COD 测定样品

2021 年 11 月，公司乙二醇项目投产运行，由于液相产品性能的影响因素较多，所以给分析化验工作提出了更多挑战。在项目运行初期，需判断乙二醇产品紫外透光率这一重要产品指标，具体检测 220nm、250nm、275nm、350nm 处的紫外透光率，但 220nm 处的紫外透光率数据的平行性波动较大。经过查阅资料发现，乙二醇在远紫外区 180nm 处有一吸收峰，当试样中有溶解氧或空气时，溶解氧与乙二醇缔合，导致乙二醇的吸收峰向长波长方向转移，并使乙二醇在 220nm 处的透光率降低。针对此种情况，化验室采用向乙二醇样品中通氮气的处理方法，排除了溶解氧对 220nm 处乙二醇透光率的影响。但在实际操作过程中，220nm 处紫外透光率平行性波动没有规律性。经过近百次观察样品状态，化验室发现乙二醇产品中存在细小未溶解气泡，如图 30 所示。由于该气泡细小且绵密，需对光观察微小的颜色反光，所以在日常化验员检测过程中不易被察觉，造成透光性能变化不定，导致样品测定平行性较差。

图 30　乙二醇产品内的气泡

通过观色辨数解决了岗位的“疑难杂症”，并制定了相应的操作规程，乙二醇产品的错检率大幅度下降。榆林化工中心化验室全年约承担 30

万次检验任务，错检率≤ 0.001%，高标准完成了公司制定的≤ 0.4% 的要求。

多年来，国能榆林化工培养了一支技术过硬的化验员队伍，通过对观色辨数 1 滴法、1/2 滴法、1/4 滴法、1/8 滴法的学习，化验员们的操作水平得到了明显提升，同时注重在工作中进行经验的积累与总结，善于发现问题、解决问题。

后 记

作为一名煤化工产业工人，我立足岗位，在实践中不断钻研和总结，形成了能够真正解决岗位问题的创新方法。“不积跬步，无以至千里；不积小流，无以成江海”，只要我们善于发现问题、解决问题、总结经验，人人都能是岗位“工匠”。我们要扎根一线，沉下心、稳住气，经得起磨炼，多学习、多思考，坚信只有脚踏实地走好每一步路，才能在成长的路上收获一路芬芳。

2021 年 9 月 13 日，习近平总书记在国家能源集团榆林化工有限公司考察调研时强调，煤化工产业潜力巨大、大有前途，要提高煤炭作为化工原料的综合利用效能，促进煤化工产业高端化、多元化、低碳化发展，把加强科技创新作为最紧迫任务，加快关键核心技术攻关，积极发展煤基特种燃料、煤基生物可降解材料等。作为青年员工代表，我感到无比自豪，同时也深知责任重大。在新的伟大征程上，我们要直面挑战，坚守初心使命，争做勤于学习、勇于创新的煤化工产业工人，加快关键核心技术攻关，丰富企业高端化产品结构，优化产品质量控制，在绿色低碳发展的道路上继续拼搏奋进。

我要在分析化验的岗位上发光发热，将自己的手艺传承下去，培养和带动一批优秀的煤化工产业人才，向新项目源源不断地输送新鲜血液，发挥好青年员工的优势特征，有冲劲、有闯劲，敢作为、敢创新，干一行、爱一行、专一行、精一行，以昂扬的风采 、实干的精神，为打造高端化、多元化、低碳化煤化工产业高地贡献力量。

王跃

2024 年 6 月

图书在版编目（CIP）数据

王跃工作法：滴定分析的判断与控制 / 王跃著.
北京：中国工人出版社, 2024. 5. -- ISBN 978-7-5008-8465-1

Ⅰ. O655.2

中国国家版本馆CIP数据核字第2024HE8792号

王跃工作法：滴定分析的判断与控制

出 版 人　董　宽
责任编辑　刘广涛
责任校对　张　彦
责任印制　栾征宇
出版发行　中国工人出版社
地　　址　北京市东城区鼓楼外大街45号　邮编：100120
网　　址　http://www.wp-china.com
电　　话　（010）62005043（总编室）
　　　　　（010）62005039（印制管理中心）
　　　　　（010）62379038（职工教育编辑室）
发行热线　（010）82029051　62383056
经　　销　各地书店
印　　刷　北京市密东印刷有限公司
开　　本　787毫米×1092毫米　1/32
印　　张　3.5
字　　数　40千字
版　　次　2024年8月第1版　2024年8月第1次印刷
定　　价　28.00元

优秀技术工人百工百法丛书

第一辑　机械冶金建材卷

优秀技术工人百工百法丛书

第二辑　海员建设卷